Ramos Rodriguez

EL PASEO DE ORDOÑO II

Ramos Rodriguez

EL PASEO DE ORDOÑO II

UN RECORRIDO HISTÓRICO POR EL URBANISMO Y LA ARQUITECTURA DE ESTE ESPACIO

Editorial Académica Española

Imprint
Any brand names and product names mentioned in this book are subject to trademark, brand or patent protection and are trademarks or registered trademarks of their respective holders. The use of brand names, product names, common names, trade names, product descriptions etc. even without a particular marking in this work is in no way to be construed to mean that such names may be regarded as unrestricted in respect of trademark and brand protection legislation and could thus be used by anyone.

Cover image: www.ingimage.com

Publisher:
Editorial Académica Española
is a trademark of
Dodo Books Indian Ocean Ltd. and OmniScriptum S.R.L publishing group

120 High Road, East Finchley, London, N2 9ED, United Kingdom
Str. Armeneasca 28/1, office 1, Chisinau MD-2012, Republic of Moldova, Europe
Printed at: see last page
ISBN: 978-613-9-44116-7

EL PASEO DE ORDOÑO II

UN RECORRIDO HISTÓRICO POR EL URBANISMO Y LA ARQUITECTURA
DE ESTE ESPACIO

ADRIÁN RAMOS RODRÍGUEZ

ÍNDICE

1-INTRODUCCIÓN

1.1. RESUMEN Y PALABRAS CLAVE

El presente trabajo pretende revisar la bibliografía que analiza el espacio que actualmente ocupa la Avenida de Ordoño II en la ciudad de León. Se trata de una de las principales vías de comunicación ubicada en el centro de esta urbe de tamaño medio que se sitúa en el noroeste del territorio español. Las fuentes consultadas estudian este espacio en su desarrollo histórico desde sus inicios y orígenes como espacio o vía urbana, hasta la actualidad, convertida en una de las arterias de comunicación de personas y coches, pero también de los flujos comerciales, económicos, administrativos y residenciales de dicha urbe.

Por ello, este trabajo analizará este espacio vial en su desarrollo y evolución cronológica. Este recorrido se hará de manera interdisciplinar, tratando de tener en cuenta la evolución de todos sus aspectos sociales, culturales, económicos, infraestructurales e históricos, por su puesto. También se tratarán de analizar los conceptos que lleva implícitos el análisis de esta cuestión como son las nociones de centro urbano, producto, mercancía o instrumento. Además se incluirá el estado actual de este espacio dentro de la ciudad de León y sus posibles cambios en el futuro próximo.

Centro urbano, evolución histórica, ciudad de León, ensanche, mercado

1.1. SUMMARY AND KEY WORDS

This paper aims to review the bibliography that analyzes the space currently occupied by the Avenida de Ordoño II in the city of León. This is one of the main thoroughfares located in the center of this medium-sized city in the northwest of Spain. The sources consulted study this space in its historical development from its beginnings and origins as an urban space or road, to the present day, converted into one of the arteries of communication of people and cars, but also of the commercial, economic, administrative and residential flows of this city.

Therefore, this work will analyze this road space in its development and chronological evolution. This journey will be done in an interdisciplinary way, trying to take into account the evolution of all its social, cultural, economic, infrastructural and historical aspects, of course. We will also try to analyze the concepts implicit in the analysis of this issue, such as the notions of urban center, product, merchandise or instrument. In addition, the current state of this space within the city of León and its possible changes in the near future will be included.

Urban center, historical evolution, city of León, ensanche, market

1.2. INTRODUCCIÓN CONCEPTUAL

La avenida Ordoño II, de la capital leonesa, es la principal vía de la ciudad, que la atraviesa parcialmente de Este a Oeste. En su última etapa, antes de su prolongación en el año 2011, la avenida tenía unas dimensiones de medio kilómetro de longitud por unos 30 metros de ancho. Y transcurría entre las plazas de Santo Domingo y Guzmán. En el año 2011, y con ocasión de la construcción de la nueva estación de ferrocarril, se prolonga más del doble en longitud. La avenida atraviesa el río Bernesga y llega hasta confluir con la Avenida del doctor Fleming[1].

En este trabajo me propongo analizar la avenida de Ordoño II como una de las partes más determinantes del siglo pasado, desde el punto urbanístico de nuestra ciudad. Para ello, y de acuerdo con el estudio realizado por María del Pilar Durany Castrillo, *"La calle Ordoño II de León; De calzada real a eje comercial"*, se pueden entender mejor los profundos cambios de esta arteria de la ciudad que inicia sus primeros pasos en los años finales del siglo XIX.

La avenida Ordoño II, como un elemento urbano activo "vivo" ha ido creciendo y modificando sus estructuras paulatinamente y a lo largo de decenas de años. Desde lo que fue originariamente, el denominado Paseo de las Negrillas, hasta su actual aspecto de calle comercial viva y arteria principal de la ciudad. Se debe en gran medida al que fue su principal impulso urbanístico, el proyecto de ensanche de la ciudad abordado a partir del año 1897. Y aprobado definitivamente en el 1904, basándose en factores tan determinantes como las económicas, sociales y de espacio, que lo convirtieron en un "recolector del dinamismo flotante"[2].

---

[1] Mª del P. DURANY, *La calle Ordoño II de León: De calzada real a eje comercial y de servicios,* Salamanca, 1990, p. 17.

[2] Ibídem., *Op.cit*, p.18.

Para esta autora, se produce poco a poco un crecimiento positivo en la ciudad hacia la nueva calle de la ciudad que cada vez contiene un mayor volumen comercial y de tránsito. Durany habla de tres diferentes ritmos vitales en esta avenida: "matinal o de trabajo y tránsito, al mediodía; el ajetreo comercial, el vespertino; y el de calma y silencio, el nocturno". Para mejor entender lo que fue esta vía en los años mediados del pasado siglo, la autora cita un dicho popular: "Calle Ordoño abajo, los hombres lo ganan.//Calle Ordoño arriba, las mujeres lo gastan.//Calle Ordoño adentro, los bancos lo guardan"[3].

A partir de su desarrollo como vía principal, Ordoño II va evolucionando de zona cuasi residencial a zona residencial y comercial. Siendo esta última la que mayormente va captando la principal razón de ser de la calle. Se da una tercerización progresiva de un espacio de la ciudad que sirve de foco de atracción comercial y de servicios. Para la ciudad, la transformación del Paseo de las Negrillas en la Avenida de Ordoño II es uno de los mejores ejemplos del proceso de desarrollo económico y urbano de la ciudad de León[4].

2-CONCEPTO DE CENTRO URBANO: PRODUCTO, INSTRUMENTO Y MERCANCÍA.

Los tres conceptos que condicionan el centro urbano son: el producto, el instrumento y la mercancía.

2.1-Centro urbano

Abordamos esta arteria acuñando el término de "**centro urbano**". Durany (1990) afirma que entran dentro del mismo dos conceptos significativos:

---

[3] Mª del P. DURANY, *Op.cit*, p.19.
[4] Ibídem., *Op.cit*, p.20.

hablamos de lugar geográfico y hablamos del contenido social del mismo. Este no es el caso utópico de aquel centro de la ciudad ideal del Renacimiento, de Sforzinda, donde se imaginan el palacio, los jardines y los reductos privilegiados delineados en ese epicentro urbano. Aquí debemos hablar de un centro urbano condicionado por la realidad que incide en su modo de ejecutarse y de desarrollarse[5].

2.2-Producto

El centro urbano lo podemos entender entonces como un producto, resultado de las relaciones entre los elementos que configuran una estructura urbana. Sin obviar que lleva intrínseco en su significado dos elementos: contenido y forma. Decimos que su **expresión sociológica** se traduce en el <u>contenido</u>, (**la parte viva del sujeto urbano**, sus residentes, sus flujos comerciales y económicos, sus visitantes y transeúntes...). Y por otra parte, como todo ecosistema viviente, tiene una referencia espacial, que se traduce en la <u>forma</u> y se materializa en las sucesivas configuraciones históricas[6].

El espacio atiende a un aspecto puramente formal, donde encontramos sus trazos arquitectónicos y urbanísticos que estarán casi siempre determinados por las relaciones sociales y el determinismo económico que allí pueda establecerse.

2.3-Instrumento

El espacio, aparte de llegarnos y ser entendido como producto, según Durany (1990) se utiliza en paralelo como instrumento, y como tal queda vinculado a esos procesos de intercambio que emergen en su contexto. El aparato de

---

[5] Mª del P. DURANY, *Op.cit*, p.20.
[6] Ibídem., p.21.

gestión del mismo, ya sea municipal o privado (veremos más adelante que a veces son coincidentes) va a regular y proyectar el espacio de acuerdo a criterios más de rentabilidad que a razones de índole social.

2.4-Mercancía

En todo el siglo XIX y buena parte del XX, en unos periodos más que en otros, el concepto de suelo como mercancía es una constante. La llegada de la población rural hacia las ciudades lleva consigo la necesidad de producir espacios, viviendas, para albergar a toda esta población. Crecen las ciudades y se multiplica el valor del suelo. Aparece el suelo como una de las inversiones más rentables para la clase social adinerada. El suelo rural, asociado durante el S. XIX al Paseo de las Negrillas, será entendido a partir del S.XX, bajo el seudónimo de "Calle Ordoño II", como una pura mercancía con la que satisfacer las crecientes demandas comerciales que van apareciendo en ese tiempo[7].

3-AGENTES INTERVENTORES DEL ESPACIO URBANO. CONTRIBUYENTES AL CAMBIO.

Para que la acción de renovación urbana se ponga en marcha han de intervenir una serie de agentes que actúan como dinamizadores del cambio. Aunque el proceso de transformación urbana está marcado por unas pautas fijas, variará de acuerdo al tipo de propietarios que posean los medios de producción y el marco normativo en el que operen.

El propietario del suelo urbano intentará obtener el máximo beneficio por la venta de su parcela, por su parte el promotor inmobiliario desea comprar a bajo precio la mercancía, para después beneficiarse de las ganancias que alcanzará

---

[7] Mª del P. DURANY, *Op.cit*, p. 21.

en función de la localización del edificio. Como luego veremos el espacio del centro urbano alcanza las cotizaciones más altas dentro de una ciudad.

La mejora en el valor de cambio de una propiedad implica una revalorización en el valor de uso de un suelo que puede a partir de ahora ser nutrida por el promotor inmobiliario. No es lo mismo una parcela en el desolado paseo de las Negrillas que el mismo espacio en el actual "Paseo de Ordoño II". De esta forma cualquier mejora introducida en el suelo puede proporcionar una valoración potencial en su valor de cambio[8].

Pero, ¿cómo se construye esa preponderancia del valor de cambio, sobre el valor de uso inicial?, ¿En qué momento se suscriben unas necesidades nuevas que no existían en el trazado primigenio?, ¿Desde cuándo empieza a identificarse como centro urbano de nuestra ciudad y quienes eran estos agentes que intervinieron en él?, ¿Cómo edificaron los modernos significantes que hoy encontramos al transitar, sin acordarse ya, de aquellos irreconocibles orígenes humildes y periféricos?

Preguntas, todas ellas que requieren rebuscar las razones que nos proporcionen respuestas. Como hemos visto hay muchos trazados conceptuales y debemos ahondar en ellos. Y es preciso conocer los intereses que facilitaron la gentrificación del lugar y los proyectos que conformaron sus trazos y por qué.

4-CUANDO EMPIEZA EL DESARROLLO. CONTEXTO HISTÓRICO DE DESARROLLO URBANO.

Todo ello tiene que ver con lo que sucede a principios del siglo pasado y con la aparición y aprobación de los denominados "ensanches" de la ciudad. Las

---

[8] Mª del P. DURANY, *Op.cit*, p.22.

operaciones de renovación o ampliación urbana aparecen como solución para subsanar las crisis o el deterioro de las zonas centrales[9], también para asistir necesidades de otra índole.

La primera fase del proceso generalizado de industrialización, evidenciado en España a principios del XIX, supone el estallido de la morfología tradicional, sorprende a la ciudad y destruye las estructuras establecidas incidiendo, para bien o para mal, en su urbanización. La descomposición de las estructuras sociales agrarias forzó la emigración a los centros urbanos. También coincide este desplazamiento con un enorme aumento poblacional ya que gran parte de ella se dirigía a las ciudades[10]. Esto tendrá principalmente su reflejo en el casco antiguo de las ciudades, donde se hacina la clase proletaria.

En nuestro caso hablamos de una zona de esparcimiento elitista que no quiere compartir esas condiciones precarias y que necesita su propio espacio y su demarcación urbana. El 9 de abril de 1842, cuando se apruebe la Ley nacional por la que se declara "la facultad de arrendar libremente las fincas urbanas con las condiciones que quisieran estipular (…)" queda consumada la liberación de la propiedad urbana de las cargas feudales y acomodada por tanto a las exigencias político-económicas del todavía, joven régimen liberal.[11]

En España la revolución industrial llega más tarde y los cambios urbanos que acarrea son de un orden distinto al panorama internacional. Los cascos antiguos no son siempre devastados. Se forma un derecho urbanístico español claramente expansionista y volcado en el ensanche de las poblaciones como alternativa a una remodelación interior.[12]

---

[9] Ibídem.
[10] Mª J. GONZÁLEZ ORDOVÁS, *Políticas y estrategias urbanas*, Madrid, 2000, pp.121-122.
[11] Ibídem. p.63-65.
[12] Mª del P. DURANY, *Op.cit.* p.20.

Aunque la ciudad antecede a la industrialización, igual ésta que el caótico crecimiento urbano transformaron radicalmente el paisaje que captó la racional atención de la sociedad burguesa. Ésta, tras fijar los objetivos, elegir los medios y sopesar las consecuencias, inició una nueva forma de acción social: el ordenamiento y la planificación urbana, e inauguró el urbanismo como técnica y como ideología usados en beneficio de las clases económicamente más poderosas. El ordenamiento participa del esfuerzo planificador, es un proyecto de acción y representa un ensayo para dominar el porvenir, un esfuerzo de prospección y orientación espacial.

La planificación de las ciudades como propósito consciente de abarcar y coordinar todos los aspectos de un conjunto urbano es característica de la sociedad burguesa pues, aunque ya antes el poder político había incidido en la forma espacial y el simbolismo visual, su pretensión no había alcanzado la contumaz aspiración burguesa de comprender y agotar todos los efectos.

El discurso generalizado a finales del XVIII sobre el poder del espacio y el espacio de poder precede a la elaboración y despliegue en el XIX de toda una serie de estrategias encaminadas a dominar y manipular el espacio con vistas unos a mantener y asegurar sus intereses y capacidad de actuación, o a cuestionarlo y modificarlo otros. Un eslabón determinante en el proceso que, engarzado, forma parte del transcurso de la construcción del Estado Moderno y sus trazados racionales y geométricos.[13]

Volviendo a "nuestro ensanche", éste no sigue el ejemplo de Madrid, y se asemeja más al proyecto de Barcelona. El hecho de que los ensanches se configuraran o planificaran como espacios asimilables a la ciudad antigua, hizo que estos quedaran inmersos en el proceso histórico de las operaciones de transformación urbana. De esta forma, hoy día, el centro urbano se identifica en

---

[13] Mª J. GONZÁLEZ ORDOVÁS, *Op.cit,* pp.129-130

unas ciudades con el casco antiguo, mientras que en otras el ensanche ha pasado a ser el centro funcional de la ciudad, como es la calle Ordoño II.[14]

Simplificando las consecuencias, y llevando este contexto a nuestro terreno local, diremos que se manifiestan ahora dos efectos paralelos sobre la fisionomía urbana. Al mismo tiempo que las familias de clase trabajadora se instalan en el casco antiguo y arrabales, se produce una fuga, (ordenada y planificada), de las clases burguesas hacia el ensanche, que había aparecido como solución urbanística a la saturación del casco antiguo. Hemos visto cómo las ciudades se convierten en catalizadores del éxodo rural ligado a la industrialización y cómo deberán asumir urbanísticamente a un mayor número de "ciudadanos".

5-LA CONFIGURACIÓN DE UN ESPACIO URBANO DINÁMICO.

Normalmente estas operaciones de renovación urbana se realizan sobre espacios ya producidos, consolidados, pero como ya hemos visto este no es el caso de León. Aquí tienen una enorme importancia unos hechos históricos que son: la desamortización de los bienes eclesiásticos, la llegada del ferrocarril a la ciudad y, de forma más general, la concepción racionalista que los hombres del Siglo XIX tenían sobre el espacio, plasmada de forma significativa en los planes de alineación y ensanche. Estos tres hechos relacionados entre sí, junto con el aumento de la población de fines del siglo pasado, tienen como resultado un desplazamiento de la clase social burguesa hacia el ensanche.[15]

La razón por la que este espacio urbano atrae posteriormente actividades comerciales, hasta entonces localizadas en el casco antiguo, está en consonancia con el desarrollo de los cambios hasta ahora citados, estos tres apartados que ahora veremos son los pilares identitarios de su morfología, y

---

[14] Mª del P. DURANY, *Op.cit,* pp.20.
[15] Mª del P. DURANY, *Op.cit.* pp.24-25.

sin su progresión en forma de suma, hubiera sido difícil encontrar la calle Ordoño que hoy nos canaliza.

5.1-DESAMORTIZACIÓN

Aunque las primeras desamortizaciones comienzan en el reinado de Carlos III, el proceso desamortizador puede considerarse como un hecho fundamental desde 1798, con el reinado de Carlos IV, de Godoy a Mendizábal, pasando por Cádiz[16]. Consistían en la nacionalización de las tierras o bienes de las "manos muertas", pertenecientes a eclesiásticos o civiles. Son las que se consideran como segunda y tercera etapa, la que abarca la obra de Mendizábal con el Real Decreto de 19 de febrero de 1836 y la Ley del 29 de julio de 1837 (con su complemento de Espartero en septiembre de 1841), las que ayuden a este proceso renovador, incluyendo la Ley de Madoz del 1 de mayo, esta última es considerada como una tercera fase del proceso desamortizador español que afectaba principalmente a bienes municipales.

Los objetivos eran: hacer frente a las necesidades de la hacienda pública y transformar el "régimen jurídico de la propiedad agraria", anotándose como triunfo de la revolución burguesa. La propiedad pasó de estar concentrada en manos del clero a estarlo en manos de una burguesía adinerada. Fue un simple trasvase de propietarios, dando pie a la especulación del suelo que deja de cultivarse para pasar a formar parte del suelo urbano edificable. Una vez que esta clase social se hace con la propiedad del suelo crea junto con el poder público la normativa legal que favorezca sus intereses[17].

La propiedad antes rústica (y luego urbana) comprendida entre los actuales límites de la calle Ordoño II, es decir, desde Sto. Domingo a la Glorieta de Guzmán, fueron todos ellos terrenos desamortizados. Las fincas matrices

---

[16] Ibídem. p.25.
[17] Ibídem. pp25-26.

existentes en el momento de la desamortización, pertenecían a las siguientes comunidades eclesiásticas: Hospital de San Antonio Abad, Cabildo de la Catedral, Colegiata de San Isidoro y Fábrica de la Iglesia del Mercado. De otra finca se conoce la fecha en que quedó libre y todo parece indicar que perteneció al Convento de Santo Domingo, del que era colindante.

Desde el momento en que son subastados los bienes del clero, comienzan a surgir en el área grandes propietarios. Las fincas desamortizadas tenían excelentes recursos agrícolas, pues tenían el agua a pie de tierra. Aunque la valoración de estas superficies en cuanto a su extensión en términos rurales puede ser considerada como normal, tal valoración hay que hacerla teniendo en cuenta su localización. En el momento de la desamortización eran fincas llevadas en arrendamiento por las gentes del lugar. Tras ello los contratos de los jornaleros quedaron cancelados y este espacio agrario periurbano pasa a convertirse en poco tiempo en terreno urbano en el que las edificaciones, escasas en un principio, van sustituyendo poco a poco a los pajares y a los huertos[18].

¿Hubieran sido posibles los ensanches y alineaciones de calles, la renovación del caserío si la propiedad del suelo hubiese continuado en esas manos muertas? Para los profesores Tomás Cortizo y Antonio Reguera, de no suceder la desamortización, este hecho habría supuesto un serio obstáculo en la renovación urbana y en la futura expansión y crecimiento de la ciudad[19].

---

[18] Ibídem. pp26-27.

[19] R. ARCE BAYÓN, *La ciudad de León en el siglo XIX. Transformaciones Urbanas Precursoras del plan de ensanche*, León, 2012, p.120.

5.2-LA LLEGADA DEL FERROCARRIL

Fig. 1. Imagen de la primera estación de ferrocarril de la ciudad de León que se inauguró en 1863, aunque esta imagen fue tomada en 1882.

Nota. Imagen adaptada de Olaizola Elordi, J. [Juanjo]. (18 de diciembre de 2023). El ferrocarril llega a León [entrada blog]. En: Historias del Tren. https://historiastren.blogspot.com/2023/12/el-ferrocarril-llega-leon-i.html

La llegada del ferrocarril a León, al amparo del "plan general de ferrocarriles", a mediados del siglo XIX será el principal motor para el desarrollo y la dinamización económica de la ciudad. El estado es el mayor promotor de esta iniciativa. El desarrollo en España de esta nueva red de comunicaciones no responde tanto a una necesidad real de nuevos canales de comunicación y distribución, ya que la producción es escasa y no precisa en ese momento de nuevos mercados que deban comunicarse, más bien responde a una planificación de cara a favorecer los efectos que pueda tener sobre el desarrollo industrial que ya aparece en la segunda mitad del S.XIX.

En el caso de León, además de lo anteriormente expuesto, existen otras razones para que la capital leonesa sea uno de los núcleos elegidos como parte de esa red ferroviaria. Es imprescindible mencionar a Ignacio Gómez de Salazar, ingeniero de las mismas, que en 1855 presenta a la Diputación

Provincial una serie de consideraciones acerca de la importancia de un ferrocarril por León, cuyo eje central es la exaltación del hombre como ser productor que debe desarrollar la "afición al trabajo".

Propone un trazado que relacione la capital con los centros de producción minera en el norte de España, que se va a complementar con la producción agrícola de Castilla. Además de propiciar el intercambio de mercancías, va a posibilitar la entrada de las nuevas formas de producción capitalista en las estructuras de producción tradicionales. Todo esto va a influir de manera determinante en la conformación y desarrollo de las ciudades considerándose especialmente en León el ferrocarril como uno de los principales factores dinamizadores de su crecimiento urbano[20].

La calle Ordoño II, también conocida en el pasado con los nombres de calzada de Santo Domingo, Calzada Real, Calzada del príncipe Alfonso, Carretera del Estado… adquiere su verdadera relevancia a partir de este hecho fundamental: la llegada del ferrocarril. Este medio de transporte hace su entrada en León en el año 1863, no sin grandes problemas técnicos y económicos.

La ejecución del proyecto ferroviario es de finales del siglo XIX y es el objetivo más importante y trascendental para el desarrollo de los intereses económicos y sociales de León. Las instituciones de la capital, Ayuntamiento, Diputación, Gobernación, etc., luchan con tesón para conseguirlo. Además de ceder bienes de su propio caudal, se hace un llamamiento a los mayores contribuyentes de la ciudad con el fin de que adquieran acciones del ferrocarril para paliar los elevados costes y poder conseguir el proyecto.

---

[20] Ibídem. pp.185-188.

Algunos autores, entre otros, D.C., sostienen que el empeño por la llegada del ferrocarril supuso "un medio más para que la clase adinerada de la ciudad ampliará sus negocios". No era, dice, por un interés nacional ni social". Pero, dado que el objeto de este trabajo no trata de este tema y sí de las consecuencias que ello tuvo en la estructura urbana de la ciudad, a ello nos ceñiremos[21].

La localización de la estación no es casual y tendrá una gran repercusión para nuestro sujeto protagonista, la avenida Ordoño II. Las opciones que se barajaba se situaban en las dos orillas del río. El Ayuntamiento poseía terrenos en el Quiñón de Vega (ubicados en la margen derecha de Bernesga), terrenos que en el año 1860 los cede a la junta de Agricultura bajo el pretexto de poder utilizar (sin indemnización), una parte de ellos si el proyecto del ferrocarril requiriese de este espacio. Y así se hará. La estación se ubica finalmente en la margen derecha del río, tras publicarse la Real Orden de 1861[22]. Con el paso de los años, la estación serviría como polo de atracción para la expansión de la ciudad, una expansión controlada y dirigida a través del proyecto de ensanche por la burguesía.

La vía más rápida y cómoda de acceso a la estación para la población, era la calzada de las Negrillas, que pronto se convertiría en la calle principal del ensanche. El ferrocarril dejó el espacio necesario y suficiente para que entre éste y el casco antiguo se desarrollara la expansión de la ciudad, canalizada mediante un plan urbanístico que lo favorece, y en especial a unos determinados propietarios que precisan de esta beneficiosa coyuntura. La calle de Ordoño II adquiere así una importante funcionalidad: la de ser vía de enlace y comunicación, y con el ferrocarril.

---

[21] Mª del P. DURANY, *Op.cit.* pp.27-28.
[22] *Ibídem.* pp. 28-29.

5.3 -LOS PLANES DE ALIENACIÓN Y DE ENSANCHE.

A principios del año 1863 se proponen tres vías principales para comunicar la población con el ferrocarril: la de Renueva, la central o de Santo Domingo y la de San Francisco. Y se pone de manifiesto en ese momento, la importancia de regularizar dichas veredas, dándoles la amplitud suficiente para las necesidades futuras.

Fig. 2. Primeros planos del Ensanche de la ciudad de León en el siglo XIX

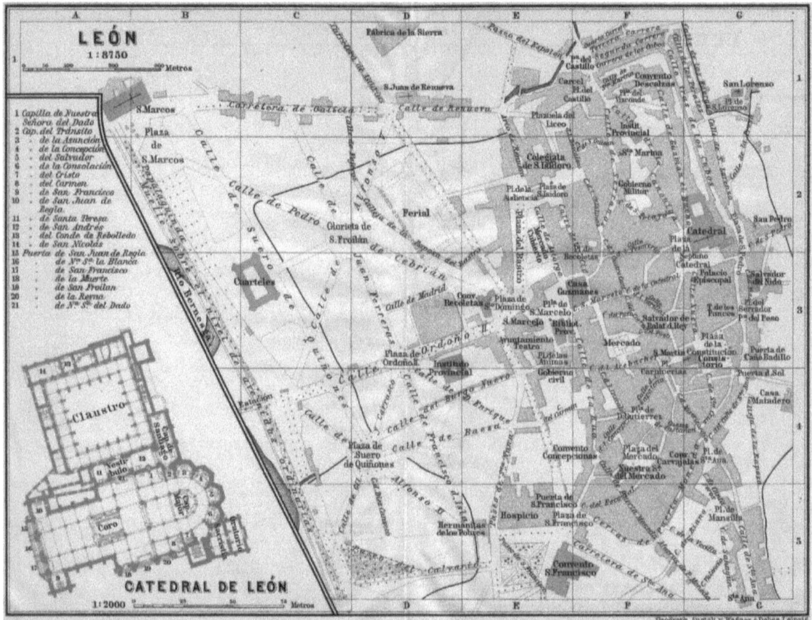

Nota. Imagen adaptada de Unkown. (14 de enero de 2013). El Ensanche de León [Entrada blog]. En: Caminar BCN. 2012-13. https://caminarbcn12-13t.blogspot.com/2013/01/el-ensanche-de-leon.html

Los planes de alineación de calles suponen nuevos trazados, lo que implica una redefinición de solares y la ampliación de la red de parcelas edificables, "lo que por otra parte permite una mutua relación entre el sistema circulatorio y el sistema edificatorio"[23] Aquí se trabaja este modelo dentro de la concepción racionalista del espacio de finales del siglo XIX. A través de ello se consigue un efecto óptico-estético mayor y se jerarquiza el espacio mediante categorías aplicadas a las calles. Las de mayor anchura serán de primera categoría y orden; y, así, en orden decreciente se irán clasificando el resto de calles, según establecen las ordenanzas municipales. Estos sistemas se hacen más complejos, a medida que las relaciones socio-espaciales de la ciudad se intensifican. Se complementa para ello con otra serie de normas que regulan la altura de los edificios, el número de plantas, etc... Y que no son más que la sistematización normativa de la utilización de un espacio básico que va a tener unos efectos de gran rentabilidad inmobiliaria.

El primer proyecto de ensanche de la ciudad de León fue redactado en el año 1897 y su memoria consta de tres partes: una descripción geográfica y política, incluyendo una justificación de la zona elegida; una segunda parte donde se tratan las condiciones de vida de la urbe, materiales empleados, dimensiones...; y, por último, una dedicada a las disposiciones adoptadas para el ensanche de León. Este plan se justifica como una necesidad con dos causas principales: los inasumibles gastos de remodelar el casco antiguo y los deseos poblacionales de expandirse hacia el oeste, hasta su encuentro con el ferrocarril.

El trazado original del ensanche proyectaba cuatro calles oblicuas en Ordoño II. Una que, atravesando la Gran vía, iba a dar a la calle la Torre (desemboca en San Isidoro). Dos más: una que salía hacia Gran Vía y otra de la Avenida la Independencia. Y otra que desembocaba en la actual República Argentina. Este trazado provoca malestar entre algunos propietarios ya que entre otras cosas, el trazado oblicuo de los ramales todos los solares límites y colindantes con las propiedades vecinas, pierden valor las superficies triangulares que se producen. Finalmente, mediante una carta al ayuntamiento varios propietarios suscriben esta queja y proponen un modelo de calles

---

[23] *Ibídem.*

transversales y paralelas a la de Ordoño II. De este modo, crean manzanas más pequeñas que amplían más metros de fachada y producen solares mejor aprovechados. Así se aprueba finalmente en el Consistorio.

Fig. 3. Plano del Ensanche a principios del siglo XX.

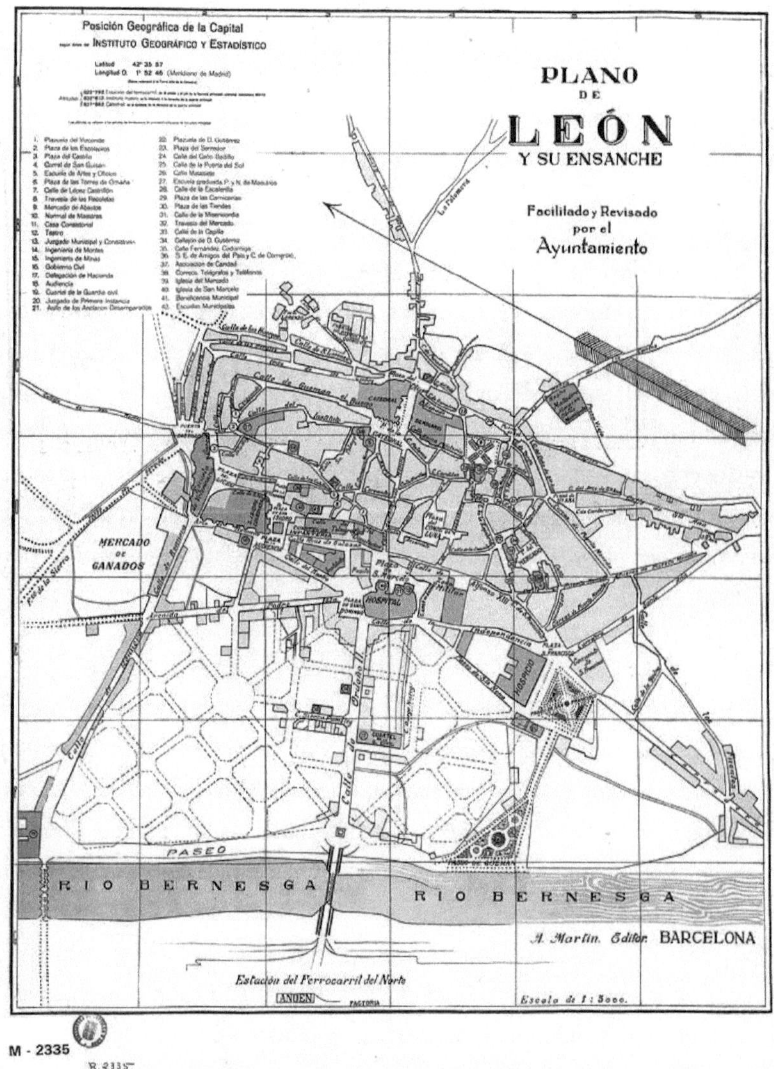

Imagen adaptada de Unkown. (14 de enero de 2013). El Ensanche de León [Entrada blog]. En: Caminar BCN. 2012-13. https://caminarbcn12-13t.blogspot.com/2013/01/el-ensanche-de-leon.html

El proyecto de reforma planteado en 1905 y aprobado en 1907 introducía variantes de acuerdo a esas reclamaciones, se suprimen los trazados oblicuos en casi todos los ramales, y alguna de las "plazoletas" creadas por la unión en chaflán de esas perpendiculares también quedaban descartadas en aras de no perder rentabilidad de sus fincas. Si el ensanche supuso en un principio un proyecto innecesario y demasiado ambicioso, ahora, a partir de la primera década de este siglo, comienza a cobrar algún sentido, ya que actúa de receptor de la población, iniciando una etapa de intensificación de las edificaciones[24].

Los agentes dinámicos que intervienen en el proceso de expansión y transformación de la estructura urbana han estado representados en este caso por las exigencias de los propietarios de la calle Ordoño II. Estos no permitieron que "su" calle pasara a ocupar un papel secundario dentro de la ciudad. De este modo, la rentabilidad del espacio delimitado por el eje principal del ensanche se irá ampliando conforme a un proceso de apertura de nuevas vías, que dan mayor accesibilidad a dicho eje, al mismo tiempo que extiende la rentabilidad al espacio colindante.

La ampliación del sistema viario está promovida por los propietarios particulares, que ven mejorar de esta forma su capital por la rentabilidad que adquiere el suelo, tanto en su valor de uso como de cambio. Si una finca posee fachada a Ordoño será muy rentable, pero lo será aún más si amplía su frente a otra calle como Alfonso V. Por ello la gran mayoría cede parte de sus fincas a estas aperturas, incluso algunos, aunque esto debería ser competencia del ayuntamiento, se encargan de las labores de urbanización de las nuevas calles

---

[24] Mª del P. DURANY, *Op.cit.* pp.31-38.

(pavimentación, alcantarillado…). La calle de Alfonso V es una de las primeras abiertas legalmente a través de expediente en noviembre de 1914.

El proceso más intenso de apertura de calles comienza hacia el año 1915. Anteriormente a esta fecha solamente existían dos: Sierra Pambley y la Travesía de D. Cayo, hoy "Alcázar de Toledo" y "Capitán Cortés" abiertas al público en 1908 y 1939 respectivamente. El eje de Ordoño II cuenta desde la última reforma del plan de ensanche, acaecida en el año 1935, con siete calles y dos pasajes perpendiculares a él. Resulta significativo que el ensanche no se consolide ni urbanística, ni demográficamente hasta pasado el primer cuarto del pasado siglo. Esto nos índica lo innecesario que era en ese momento el primer plan de ensanche. Los propietarios no empiezan a levantar sus "chalets" hasta la llegada del ferrocarril, siendo el periodo más intenso de ocupación y edificación a partir del año 1915.

Fig. 4. Chalet de Don Paco construido en el 1894

Nota. Imagen adaptada de Olaizola Elordi, J. [Juanjo]. (18 de diciembre de 2023). El ferrocarril llega a León [entrada blog]. En: Historias del Tren. https://historiastren.blogspot.com/2023/12/el-ferrocarril-llega-leon-i.html

Los fines sociales, argumento defendido por una buena parte de los promotores de esa idea de ensanche, no han sido nunca motor de esta iniciativa. Más bien, fue un pretexto para desarrollar materialmente una zona de la ciudad a la que podían sustraer importantes beneficios económicos[25]. Veremos ahora si la ocupación del mismo tiene algo que aportar a este desarrollo urbano.

5.4 -El ENSANCHE Y SUS ALREDEDORES DURANTE LA POSGUERRA

La designación de la ciudad de León como capital de provincia (1833), la llegada del ferrocarril (1863) o las desamortizaciones de tierras a finales del S.XVIII y principios del S.XIX, impulsaron la urbanización de los terrenos donde hoy se ubica el Ensanche leonés[26]. Pero también, el éxodo rural –acrecentado en la posguerra- y el crecimiento exponencial de sus habitantes, -pasando de 22.000 en 1920 a cerca de 50.000 en la década de 1940- propiciaron el desarrollo de este nuevo espacio urbano y de su crecimiento en los años posteriores[27].

El proyecto del Ensanche -al igual que las reformas acometidas a finales del S.XIX en el casco viejo- se entiende en parte como una respuesta político-burguesa a los problemas derivados del crecimiento demográfico[28], pero también como una oportunidad residencial y especulativa en la que invirtieron algunos ciudadanos pudientes, para asentarse fuera del recinto

---

[25] *Ibídem.* pp.38-41.
[26] Mª del P. DURANY, *La calle Ordoño II de León: De calzada real a eje comercial y de servicios,* Salamanca, 1990, pp. 24-27.
[27] VV. AA., *León, Casco Antiguo y Ensanche. Guía de Arquitectura,* León, 2000, pp. 23-31.
[28] Mª J. GONZÁLEZ ORDOVÁS, *Políticas y estrategias urbanas,* Madrid, 2000, pp. 121-122.

amurallado[29]. Lo interesante para nuestro estudio es que supuso la posibilidad de crear un nuevo epicentro citadino; más próspero, saludable y ordenado que el antiguo[30], que durante el primer tercio del S.XX afianzó materialmente sus expectativas[31] y que en la posguerra se consolidó y comenzó a madurar como tal[32].

Este Ensanche nació a finales del S.XIX como una propuesta genuina en nuestra comunidad, pero hasta después de la posguerra no se terminaron de definir espacialmente sus trazados[33], ni tampoco de ocupar la mayoría de sus solares[34]. Para entonces, aunque ha evolucionado de acuerdo a los intereses de los de sus propietarios, sus límites eran ya similares a las actuales[35]. Limitaba al sur con el antiguo paseo de invierno -hoy calle Lancia- y al norte con el antiguo Convento de San Marcos. Por el centro discurría el "Paseo de las Negrillas" -hoy Ordoño II-, que era el eje vertebral y el nexo entre la estación de ferrocarril y la ciudad histórica, y esta última, junto con el río Bernesga, marcaban los límites este y oeste del Ensanche[36].

Así pues -en términos arquitectónico-urbanos-, el ensanche supuso una verdadera revolución, puesto que en los albores del S.XX eran más de 70 hectáreas libres donde, a diferencia del casco histórico, sí tendría cabida la modernidad[37]. Por ello aparecieron en él formas, trazados, técnicas y materiales nuevos y propios de las grandes capitales[38]. Y en cuanto a los

---

[29]; Mª del P. DURANY, *Op.cit.*, pp. 23-38.

[30] J. R. CABALLERO CHICA, *La arquitectura de la ciudad de León en su fase inicial (1907-1919)*, Trabajo de Fin de Máster defendido en la Universidad de León, León, 2017, pp. 28-30.

[31] S. TOMÉ FERNANDEZ, "La segunda fase de ocupación del Ensanche Leonés: el proceso de renovación desde los años 60", en L. LÓPEZ TRIGAL (Ed.), *Los Ensanches en el urbanismo español, el caso de León*, Madrid, 1999, pp. 115-119.

[32]T. CORTIZO ÁLVAREZ, "El Ensanche de León. Proyecto y primera ocupación.", en *Ibídem*, pp. 104-112.

[33] E J. R. CABALLERO CHICA, *Op.cit.*, pp. 28-30; T. CORTIZO ÁLVAREZ, *Op.cit.*, pp. 104-112.

[34] S. TOMÉ FERNÁNDEZ, *León, los ríos en el paisaje Urbano*, Gijón, 1997, pp.59-60.

[35] Mª del P. DURANY, *Op. cit.*, pp. 24-38.

[36] VV.AA., *León, Casco Antiguo y Ensanche...* p. 31.

[37]. J. R. CABALLERO CHICA, *Op.cit.*, pp. 117-118.

[38] *Ibídem*, pp. 168-176.

estilos historicistas de sus primeras arquitecturas[39], resulta llamativo que tuviesen un aspecto similar tanto a las levantadas décadas antes en las alineaciones del casco antiguo, como a las construidas cincuenta años más tarde bajo la dictadura franquista[40].

Ese paralelismo se debió a que, o bien eran los mismos arquitectos o bien los continuadores de los anteriores, y, en cualquier caso, todos ellos habían recibido una formación academicista e historicista en Madrid para después ejercer su profesión en ciudades como León[41].

6-OCUPACIÓN Y DENSIFICACIÓN DEL ESPACIO EN EL SIGLO XX

La población residente en la capital leonesa a principios del siglo XX era de unos 16.000 habitantes y el lento crecimiento de la ciudad iba siendo absorbido perfectamente por el casco antiguo y los arrabales. En el año 1910 cuenta con un total de 1770 edificios, de los cuales el 82,4% estaban construidos intramuros. El resto estaba fuera de este espacio, donde se incluye el ensanche y por tanto la calle Ordoño II. Aun así hay que señalar que la población que se traslada e instalada en el ensanche y, principalmente en Ordoño II, es una burguesía comercial, que provocará de forma lenta y gradual cambios y transformaciones espaciales. El tipo de edificación que se construye es el "hotelito" o "chalets" de una o dos plantas, aunque también comienzan a construirse edificios de cuatro plantas, todos ellos residencias de lujo para aquella época. En el año 1923, con el derribo del Hospital de San Antonio Abad ya se forma el eje calle Ancha-Ordoño II, al quedar expedito el terreno de la

---

[39] M. SERRANO LASO, *Arquitectura doméstica en León a principios de Siglo (1900-1923). La pervivencia del eclecticismo*, León, 1992, pp. 25-50.
[40] J. HERNANDO CARRASCO y M. SERRANO LASO, "Arquitectura contemporánea. Del neoclasicismo a la posmodernidad", en *Historia del Arte en León*, cap.16, León, 1990, pp. 263-264.
[41] M. SERRANO LASO, *Op.cit.,* pp. 117-118.

plaza de Santo Domingo que antes era ocupada por los muros de este enorme edificio hospitalario[42].

6.1-La propiedad del suelo

Una de las variables que determina el proceso de renovación del espacio urbano es el grado de concentración de la propiedad del suelo. A mediados del siglo pasado (1844) se produce un cambio importante en la propiedad rústica y urbana.   Las acciones desamortizadoras conlleva como ya vimos una nacionalización de los bienes eclesiásticos, principalmente. Al ser anunciados en pública subasta por el Estado, acceden a la propiedad los mejores postores, que son, sin lugar a dudas, determinadas familias adineradas (tanto locales como foráneas), y que ven en el proceso desamortizador una buena ocasión para invertir sus capitales.

Un ejemplo de ello en nuestra ciudad fue Cayo Balbuena y su mujer Asunción Aguirre que adquieren y acumulan desde mediados del siglo XIX alrededor de 50.000 m.^{2} en fincas que formaban parte de lo que luego sería el ensanche. Uno de estos "prado-huerta" de 1.393,54 m^2., que formaba parte del Hospital de San Antonio Abad, fue adquirido en 1856 por Asunción Iriarte junto con otro procedente del mismo caudal de 1.567,7 m.^{2}, se corresponde con las casas de los números 1 al 11, ambos incluidos y tenían su límite en el actual Burgo Nuevo[43].

6.2-Proceso de formación del espacio urbano

Los compradores o bien se dedicaban a profesiones liberales o bien al comercio, de tal modo que será este hecho el que marque las pautas de

---

[42] *Ibídem.* pp.40-41.

[43] *Ibídem.*

crecimiento espacial, pues no hay que olvidar que los propietarios son los principales agentes dinámicos que modelan la estructura urbana. Estos procuraron sacar el mayor provecho de sus inversiones en la propiedad rústica, vendiéndose como urbanas a un precio mayor.

Las fincas desamortizadas o las pertenecientes a particulares eran divididas en numerosas parcelas que se vendían a otros particulares, la segregación y agregación de parcelas es una constante en el proceso de formación del espacio urbano al que aportan un cierto dinamismo. En el caso de la familia Balbuena, en el año 1900 posee el 21,6% de las fincas con fachada a Ordoño II y hacia el año 1930 aproximadamente ya sólo posee el 8,1% de las mismas.

Estas familias burguesas se emparentaron entre ellas, lo que condujo a una concentración del suelo en pocas familias, pero numerosas manos. Esto hacía que o bien los herederos vendieran a un solo propietario por premisas de finca indivisible o por común acuerdo para un mayor beneficio. En cualquier caso, a más herederos, más división parcelaria. Esto, (exclusivamente en un lugar tan cotizado como el centro urbano) supone un importante valor añadido. Poco a poco se iba configurando el espacio urbano, coincidiendo con el comienzo del proceso edificatorio, al mismo tiempo que se realiza la apertura de las nuevas calles y su urbanización[44].

6.3-La edificación: el proceso de construcción de la calle Ordoño II

Los primeros atisbos de construcciones se producen a mediados del siglo XIX. En el momento en que los particulares acceden a las propiedades desamortizadas comienza el proceso de edificación, que se irá intensificando en este siglo, hasta alcanzar su grado más complejo en la actualidad. La primera valoración del nuevo espacio urbano, la calle Ordoño II, viene dada por

---

[44] *Ibídem.* pp.45-48.

el propio poder público que, en la Memoria del plan de Ensanche, manifiesta que la calle cuenta con "soberbios edificios que son los mejores de toda la ciudad". Antes del año 1890 tan sólo existían cuatro edificaciones, contabilizando unas diez en 1900 y quince en 1904. Cuando se desamortizaron las propiedades eclesiásticas existían en la calzada de las Negrillas tan sólo dos pajares de planta baja y primera planta[45].

Fig. 5. Foto del paseo de las Negrillas a principios del siglo XX.

Nota. Imagen adaptada de Vergara Pedreira, S. [Susana]. (4 de abril de 2021). Aquellas cuatro casas de Ordoño. La Revista de El Diario de León. https://www.diariodeleon.es/monograficos/revista/210404/1251483/cuatro-casas-ordono.html

En los terrenos de Cayo Balbuena se levantaron las primeras construcciones. En el año 1904, el parque de edificios existentes era del 40,5% con respecto a la actualidad y se registran ya las primeras casas de cuatro y

---

[45] *Ibídem.* p. 48.

cinco plantas (incluidas buhardillas y plantas bajas). En 1918 el número de casas había ascendido a 29, lo que representa ya un 78,3%. Y en el año 1930 el 94,5% de los 37 solares que forman la calle en la actualidad estaban ocupados, es esta última etapa la que coincide con el mayor grado de ocupación del ensanche por la población. Entre 1890 y 1904 se produce la mayor tasa de incremento en cuanto al número de edificios por solares. Pero a partir del año 1918 el aumento de ocupación y densificación se produce en altura, pasando de un 6,6% de edificios de cinco plantas en 1904 a un 31,4% en 1930. Estas cifras nos muestran ya por estas fechas lo cotizado que estaba el suelo como mercancía en la calle Ordoño II[46].

6.4-Los usos del suelo

En un principio se configura el ensanche como un espacio eminentemente residencial, sólo accesible para familias de economía elevada. Pero de forma progresiva se irán introduciendo otros usos del suelo. Unas nuevas funciones que completan o sustituyen al uso residencial. Son oficinas y comercios que van a ir modificando la estructura socioeconómica de la calle.

La localización de determinados organismos en la calle Ordoño II favorece su promoción como foco de atracción. En el año 1918 estaban ubicadas en este espacio tres importantes oficinas de la Administración Pública: Gobierno Civil, un departamento del ayuntamiento (casa nº 12) y las oficinas de la delegación de Hacienda (casa nº17). Además de una entidad bancaria, el Banco Mercantil (en el nº2). La función comercial era todavía escasa, pero empezaba ya a vislumbrarse su posterior desarrollo. Existía una farmacia (casa nº4), una sombrerería (casa nº2), una tienda de Singer (nº4), un estanco (nº23), un local de fotografía (nº7) y cuatro despachos de bebidas y alimentación que empezaban a surtir las necesidades básicas de la población residente en la calle[47].

---

[46] *Ibídem.* pp. 48-49
[47] *Ibídem.* pp. 51-53.

Para el año 1936-37 existían ya en Ordoño doce tiendas de primera necesidad, trece locales dedicados a la hostelería, otros trece comercios de tejidos, dos perfumerías, ocho agencias y oficinas, se aprecia pues una especialización de la calle en usos terciarios, contabilizando únicamente dos fábricas, una de jabón y otra de pastas y chocolates en esta época. Las derivas se desarrollan hacia tiendas de alimentación, tejidos, hostelería sin perder los usos residenciales y de comunicación hacia la estación[48].

De acuerdo con la información que nos ofrece la Contribución Fiscal del año 1958 de las 37 casas que conforman la calle, ya sólo seis (el 16,2%) se utilizan sólo como residencia, aunque no existiera ningún edificio completamente dedicado a las funciones terciarias, se tiene en cuenta el número de locales por edificio dedicados a este uso. El proceso de ocupación y densificación del espacio urbano de Ordoño II se hallaba casi completamente consagrado en los albores de los años 60.[49]

El edificio del antiguo Ayuntamiento de León fue reformado y ampliado integralmente en diciembre de 1962, bajo un proyecto de Prudencio Barrenechea Sánchez y para ello fueron demolidas las vecinas infraestructuras del Teatro Principal[50] y de la Gota de Leche[51]. A diferencia de la propuesta de 1940, no se pretendió desmontar la fachada del S.XVI, sino recuperar las partes bien conservadas y recrear en estilo las más deterioradas; añadiendo algunos elementos nuevos y modificando el interior del edificio para hacerlo más funcional[52]. Fue más conservacionista que la actuación planteada en la posguerra, y también funcional y regenerativo-simbólica, similar a la efectuada coetáneamente sobre los consistorios de otras ciudades[53].

---

[48] *Ibídem.* pp. 51-53.
[49] *Ibídem.* pp. 51-53.
[50] E. FERNÁNDEZ GARCÍA, *León y su actividad escénica en la segunda mitad del siglo XIX*, Tesis doctoral defendida en la UNED, Madrid, 1997, pp. 70-78.
[51] S. SANTOS VALERA, "La gota de leche en la ciudad de león: una institución benéfica municipal", *Argutorio*, nº10, 2003, pp.27-28.
[52] VV.AA., *León, Casco Antiguo y Ensanche...*, pp. 96-97.
[53] M. ANDRÉS EGUIBURU, *Op.cit.*, pp. 113-116

En cuanto al edificio donde se instaló el Gobierno Civil, hoy Subdelegación del Gobierno de España en León, fue inaugurado el 28 de junio de 1947 por el Ministro de Gobernación[54]. Su anterior ubicación -en la década de 1930-, pudo ser también los terrenos del Ensanche, junto a las antiguas Delegaciones Provinciales de Hacienda[55]. Otra idea es que, antes de la Guerra Civil, este se encontraba en el solar que había ocupado previamente la fábrica de estilo ecléctico e historicista, Zarauza, entre las calles Fajeros, Héroes Leoneses, Padre Isla y Gran Vía de San Marcos[56].

En cualquier caso, el 9 de enero de 1940 se aprobó la cesión de los terrenos para su construcción en el actual enclave[57], la conocida hoy como Plaza de la Inmaculada, que durante la dictadura fue bautizada como Plaza de "Calvo Sotelo"[58]. Lo que nos enseña que -durante el franquismo-, se siguieron eligiendo las plazas o los lugares centrales de las poblaciones como los espacios idóneos para situar los organismos representativos del régimen y de la vida pública[59]. Y así, el 22 de septiembre de 1943, se aprobaron las expropiaciones pertinentes[60] y el 30 de marzo de 1944 se colocó la primera piedra[61].

6.5-Dinámicas y estructuras demográficas

El espacio urbano es, ante todo, un producto social. Por tanto, el estudio y análisis de la categoría socio-profesional, será una de las variables que nos marque el hilo conductor del proceso de renovación urbana. Como habíamos

---

[54] VV.AA., "Crónica de cien años 1901-2000", *El siglo de león*, León, 2001, p. 277.
[55] T. CORTIZO ÁLVAREZ, *Op.cit.,* pp. 104-112.
[56] J. R. CABALLERO CHICA, *Op.cit.,* pp. 123-124; J. C. PONGA MAYO, *León perdido...,* pp. 130-131.
[57] VV.AA., "Crónica de cien años...", p. 249.
[58] J. C. PONGA MAYO. *El ensanche de la ciudad de León...,* p. 196.
[59] M. ANDRÉS EGUIBURU, *Op.cit.,* pp. 110-113.
[60] VV.AA., "Crónica de cien años...", p. 232.
[61] *Ibídem*, p. 249.

visto en la dinamización de otras estructuras, como los edificios, su configuración irá pareja a la ocupación poblacional de la calle Ordoño II, que crece lenta y gradualmente. Así que en el año 1897 la calzada de las Negrillas contaba con 228 habitantes. En 1917 la calle ya poseía 429 habitantes y, trece años más tarde, en 1930, vivían 709 personas. En 1960 alcanza su cota máxima de 1011 habitantes. Por lo que respecta a la estructura demográfica, las pirámides de población de la calle Ordoño II hasta 1960 y en consonancia con el desarrollo de la propia calle, presentan una población joven, en contraposición al casco antiguo en el que se perfila una estructura demográfica envejecida[62].

7-LOS CAMBIOS EN LOS USOS Y EN LA OCUPACIÓN DEL SUELO A MEDIADOS DEL SIGLO XX: LA TERCIARIZACIÓN DE ORDOÑO II.

En cuanto a la ciudad de León, al igual que en otras, tampoco se corrigió la especulación urbana, pues se siguió mercantilizando el suelo, como se venía haciendo desde antes de la Guerra[63]. Y tanto las veredas este y oeste del río Bernega[64], como los barrios de San Mamés, San Esteban o Las Ventas hacia el norte, crecieron especulativamente[65]. Incluso el barrio de San Claudio -que estaba al lado del Ensanche-, creció de forma mucho más desordenada que este, lo que demuestra el desinterés que había en cuidar, ordenar y sanear los desarrollos citadinos que estuviesen fuera del centro urbano[66].

La calle Ordoño II sufre una serie de transformaciones a partir de los años 60´s y es ahora cuando este marco espacial adquiere, al igual que el resto del ensanche, un significado como "acumulador de capital". La mayor oferta de trabajo en la ciudad la representan las actividades terciarias,

---

[62] *Ibídem*. pp. 53-55.

[63] como un marco vital y un fenómeno colectivo, y, la fragmentación y apropiación privada de la misma". Véase: A. T. REGUERA RODRÍGUEZ, "Especulaciones urbanísticas en el León de posguerra", *Tierras de León*, nº 68, León, 1987, pp. 3-9.

[64] S. TOMÉ FERNÁNDEZ, *León, los ríos en el paisaje...*, pp. 59-61.

[65] V.V.A.A., *León, Casco Antiguo y Ensanche...*, pp. 34-35.

[66] J. C. PONGA MAYO. *El ensanche de la ciudad de León...*, pp. 36-37.

administración, transporte, comercio y banca.   La liberalización de la economía hace que el poder adquisitivo aumente por estas fechas y que paralelamente se desarrolle una importante promoción inmobiliaria con ayuda estatal; de esta forma se promueve la organización de un mercado inmobiliario cada vez más fuerte.

La demanda de suelo se organiza en base a la localización espacial, y los promotores entran a formar parte del cuerpo de los agentes urbanos dinámicos, ya que transforman la realidad espacial en función de la rentabilidad del suelo, surgen nuevas divisiones parcelarias de acuerdo a la nueva utilización del suelo y se produce una densificación del espacio[67].

Desde el momento en que la burguesía se establezca en este espacio, empieza a considerarse un lugar altamente valorado, pero será su situación de centro urbano, su accesibilidad, su densificación poblacional en todo el entorno y por supuesto, como decíamos, el capital que se acumula en este lugar lo que realmente aporta el valor de uso y de cambio que hoy unimos a Ordoño II[68].

7.1-El paso de la propiedad vertical a la horizontal

Aunque algunas propiedades todavía hoy siguen perteneciendo a aquellas familias burguesas que se hicieron propietarias a principios del siglo XX, la gran mayoría pertenecen ahora a las entidades y particulares propietarios de viviendas y bajos comerciales y las oficinas bancarias, estos nuevos agentes estratégicamente localizados han conferido una nueva funcionalidad a la calle.

Según el profesor López Trigal, a partir del año 1973, se produce una etapa de expansión bancaria que se ha dado en llamar "banco boom". El aumento de

---

[67] *Ibídem.* pp. 55-56.
[68] *Ibídem.* pp. 55-56.

las oficinas bancarias tiene su origen en los incrementos habidos en la cuenta de los depósitos de los clientes". La localización de dichos bancos, creados a partir de 1975, se realiza tomando como punto de referencia la línea de concentración de las anteriores sucursales de la ciudad: una "city" o sede de oficinas bancarias en el centro comercial de la ciudad, Santo Domingo y sus calles radiales.

Hacia el año 1980 cuatro bancos más junto con el Banco de España, pasan a engrosar las filas de los nuevos propietarios de inmuebles. Sólo tres emplean para su uso la totalidad del edificio. Los otros reconstruyeron los edificios y les aplicaron la división horizontal, vendiendo a propietarios particulares los nuevos departamentos establecidos.

En el año 1960 se establecen las Normas Reguladoras de la Propiedad Horizontal (Ley de 21 de Julio de 1960) y con estas disposiciones generales se introduce un nuevo sistema de la propiedad del suelo por el que un edificio pasará a tener no ya un propietario, sino que su número variará en función del número de departamentos creados y de la capacidad inversora del demandante. El sistema de arrendamiento tan empleado hasta los 60´s va en receso. Al haber sido aplicada la división horizontal a los edificios, los inquilinos que ocupaban las casas han tenido acceso a la propiedad privada y aunque es una decisión voluntaria supone el abandono de la vivienda por parte del arrendatario para que otro posible comprador acceda a ella[69].

Este fenómeno de la parcelación del suelo ha sido aprovechado por la pequeña burguesía comercial leonesa y por las empresas de gestión y administración del centro espacial urbano para un mejor y más eficaz desarrollo del intercambio de sus productos. La relación entre precios y rentas del suelo de acuerdo a los beneficios por su localización central sale en positivo para el inversor[70].

---

[69] *Ibídem.* pp. 57.
[70] *Ibídem.* pp. 57-60.

7.2-La renovación de las edificaciones.

En la Ley sobre el Régimen de Suelo y Ordenación Urbana de 1976, se incluyen algunos artículos alusivos al fomento de la edificación, cuyo objetivos es acelerar el proceso de renovación, por ejemplo; se consideran solares aquellas "fincas en las que existieren construcciones paralizadas, ruinosas, derruidas o inadecuadas al lugar en el que radiquen..." y se pone como condición edificar en el plazo de dos años, previa tramitación e inscripción en el registro de solares municipales.

Desde la Administración pública se favorece la renovación de edificios. Bajo esa última categoría de "inadecuadas" y siguiendo la tónica rentabilista del suelo, era lógico que el espacio se renovase de acuerdo con los nuevos usos y funciones del suelo. Los nuevos edificios tienden a elevarse en altura y en ellos se estructuran espacios inferiores para comercios y oficinas, ocupando el resto la función residencial. La mayor parte de los edificios que hoy podemos ver en la calle tienen 5 o más pisos. Aun así, de los 37 edificios con fachada a Ordoño, sólo 9 se han derribado y vuelto a construir.[71]

7.3-La renovación de los usos del suelo a partir de 1960.

A partir de los años 60-70 se produce una explosión de los precios coincidiendo con la liberalización de la economía española y con el aumento del nivel de vida. El valor de cambio cada vez es mayor y por lo tanto el valor de uso se incrementa, esto afecta a las funciones del espacio, que cada vez es más terciario. El sector alimentario pierde representación paralelamente al detrimento del carácter residencial de la calle.

---

[71] *Ibídem.* pp. 61-62.

La renovación de edificaciones promocionada por los nuevos usos del suelo y la nueva identidad de la calle a afectado principalmente a la acera sur (números impares), pero la renovación de los usos se ha efectuado de igual forma en la acera norte (números pares), amoldándose las actividades a las antiguas estructuras de vivienda, es significativa también la mayor concentración de actividades y renovación de edificaciones se concentre en el área más próxima a la plaza de Santo Domingo, centro neurálgico de la ciudad.[72]

7.4-Análisis demográfico a partir de 1960.

El análisis del entramado social que residía en la zona, tanto de la categoría socio-profesional como de los residentes de la misma, es fundamental para entender las transformaciones de la calle a partir de los años 60 en comparación con sus inicios.

La población tiende a disminuir desde los años 60 a causa del desplazamiento poblacional a otras zonas y al descenso de la natalidad, además del envejecimiento de los residentes más tempranos.

Sigue siendo una población de clase burguesa, media-alta y eso se aprecia también en la categoría socio-profesional que se ha asentado en la zona: abogados, médicos, ingenieros, arquitectos, financieros han adquirido propiedad para desarrollar su profesión, y no tanto como residencia.

El proceso de degradación de los cascos antiguos se ha reducido consecuencia del interés patrimonial y turístico que guardan, pero no tiene comparación con el cuidado que se presta a estos espacios de ensanche. Concluimos que el contingente demográfico, que imprime un contenido social al

---

[72] *Ibídem.* pp.63-66.

espacio geográfico, queda estrechamente relacionado con el proceso de transformación que afecta al área.[73]

8-CONCLUSIONES.

He decidido hacer una conclusión "alternativa", confieso que me propuse desarrollar un trabajo demasiado ambicioso para mi poca experiencia en cuestiones de urbanismo. Esto lo he visto durante todo el proceso de elaboración, y al leer las conclusiones de las obras que he usado como referencias encuentro unas riquezas increíblemente mayores de las que yo podría aportar.

Por este motivo he elegido en esta última parte una opción más asequible. Una pequeña conclusión formal, más valorativa que concluyente, y una segunda conclusión personal en consonancia con la actividad planteada para el miércoles 7 de diciembre de 2016, siguiendo ese hilo del "paseo urbano".

8.1-Conclusión formal.

La especulación es parte del urbanismo, y creo que la autora incide demasiado en esta supervisión. He seguido su desarrollo por una cuestión: entiendo que el verbo especular depende de su contexto histórico. En el mundo clásico la clase dominante especulaba sobre la exaltación de sus imágenes megalómanas y petulantes. En cambio en esta esfera, en la que la burguesía pertenece al grupo dominante, es comercial e inversora y por lo tanto invierte no ya en sus figuras, sino en un espacio neutro que aspira a producir beneficios en torno a su valor de uso y cambio, además de su interés por planificar un espacio a su medida. En esta diferencia he querido incurrir.

---

[73] *Ibídem.* pp.66-69.

No es lo mismo por ello. Considerando que comparten esa idea especulativa, asumo que la mayor parte de esta y otras ciudades han sido levantadas mediante esa especulación urbanística, los intereses que hay detrás son distintivos de esas iniciativas y su proyección. Vivo en un trazado que se creó literalmente a través del Corte Inglés. Y sí, reconozco que este seguramente ha sido el motor que dinamizó el barrio, determinando su planificación y sus consecuencias espaciales y sociales.

Conocer la realidad, por muy sórdida y especulativa que sea, es necesario. Desconocía gran parte del desarrollo de Ordoño II y ahora entiendo mejor este espacio. Tanto en el sentido urbanístico e histórico, como en las consecuencias sociales que ha generado. Así como reconozco ahora el valor dinamizador que estas iniciativas, (más lucrativas que sociables). Y agradezco por tanto haber podido participar de este acercamiento a través de unas dinámicas que tienen una gran repercusión para nuestra sociedad, pero que nunca deberán moverse en los ámbitos donde prevalezcan los puntos ciegos para el ciudadano de a pie que luego las transitan.

8.2-Conclusión personal: Un paseo por la avenida de Ordoño II.

Durante una tarde he recorrido la avenida de Ordoño II con un cuaderno en la mano y la información que en las páginas anteriores recojo, relativamente fresca. He caminado por ella y he ido apuntando las impresiones personales que me llegaban, guiándome sobre todo por la tierna intuición urbanística de la que ahora dispongo.

No hay piedad para lo antiguo, a no ser que sea "vintage".

Paseando por la Avenida de Ordoño II, te vas cruzando con un sinfín de viandantes, todos ellos ajetreados. Unos incurren en comercios, otros salen de ellos, toda la calle parece imbuida en un frenesí de quehaceres. No es realmente una calle para pasear con tranquilidad, esta abundante circulación ha olvidado o desconoce el antiguo referente del "Paseo de las Negrillas". Ya nadie pasea, ni siquiera cuando están de compras, ni madrugadores, ni vespertinos, ni nocturnos disfrutan de sus pasos sobre Ordoño II.

Me ha costado no seguir la corriente, pero he conseguido salirme del caudal, incluso descubrí alguna mirada furtiva que intentaba ahondar en mi anómala actitud contemplativa, no es un sitio idóneo para la observación, (pensaba yo, rodeado por esos ritmos galopantes y decididos), aún así algo pude distinguir.

De espaldas a la Plaza de Santo Domingo me voy fijando en el otro lado de la calle por comodidad, (luego haré el recorrido inverso). No puedo evitar notar que mi acera aparenta estar mucho más intervenida, casi todos son edificios de más de cinco plantas y de materiales nuevos. Intuyo que no tienen más de cuarenta años. En la otra vereda distingo/observo construcciones más pequeñas, de tres e incluso dos plantas, nada que ver con los mastodontes que me cobijan por este lado, proyectando sobre mí un efecto sombrío e intimidante.

Sigo mirando esas fachadas a mi derecha y aprecio en ellas un vigor descontextualizado. Creo, además, que los letreros que "decoran" los pisos inferiores no ayudan al respecto, ofenden y resultan muy poco respetuosos con la arquitectura que les guarece.

Uno de ellos (portal nº 5) tiene un gran lazo rojo que decora parte de la fachada, me fijo que en la parte inferior hay una farmacia y que también es antigua. No hay ningún bajo desocupado, todos están siendo explotados por negocios, y sí, todos son terciarios, todos ofrecen un servicio que no implica comunidad, que imposibilitan de hecho el crear comunidad en este espacio urbano e intensivo.

He seguido avanzando entre oficinas bancarias y perspectivas de viviendas impracticables. Unos metros más adelante me encuentro con un bajo en obras, el número 8 de Ordoño II está siendo intervenido ante mis ojos, y le pregunto a los obreros qué van a poner en ese negocio, a lo que uno de ellos me responde; –Un Santander. Le he entendido, me despido con un "cómo si no hubiera bastantes…" y continúo andando. Otro banco para la amplia lista de sucursales bancarias que han colonizado este espacio urbano.

Cada vez tienes más claro que transitas por un centro comercial abierto. Pero nadie podría habitar en un centro comercial. Un poco más adelante me encuentro otro proceso en obras, el número 14, era un edificio de tres plantas, intuyo que antiguo porque le han obligado a conservar las fachadas inferiores. Ahora tiene seis plantas, aprovechan de forma extensiva y en altura el suelo urbanizable, y además plantean un espacio interior en forma de galería comercial que comunica Ordoño II con la calle de atrás.

También me fijo que en las ventanas superiores de los edificios más viejos y descuidados hay un montón de carteles pegados. Siempre aparecen en construcciones antiguas y en ellos se puede leer: "se vende" o casi siempre "se alquila". Me pregunto si siguen o sigo estando en la Avenida de Ordoño II, y creo que no del todo, porque estas edificaciones pertenecen más al viejo paseo de las Negrillas.

El valor de cambio y uso de los mismos también está desfasado, nadie invierte en propiedades viejas, disfuncionales y anacrónicas, porque no pueden competir con las nuevas moles que disponen de todos los servicios contemporáneos, nadie se ha preocupado de adaptarlas, de ponerles un ascensor en sus anticuadas entrañas, simplemente las dejarán morir hasta que corran la misma suerte que ese número 14.

Un poco más adelante me cruzo con el primer supermercado de la calle, y eso que ya he recorrido la mitad de la misma. No veré ningún otro; los dependientes, los oficinistas, los banqueros, los obreros, todas estas personas que durante el día viven de esa calle sólo la habitarán durante unas horas, pronto se irán a sus respectivos hogares y la calle después de toda la fatiga diurna quedará baldía y desierta. Si pasas una vez cerrados todos los comercios, bancos, las oficinas y sedes administrativas, la sensación de transitar por esta dicotomía resulta terrible.

Es bastante deprimente en este sentido, no encuentro nada esperanzador para su posteridad como elemento urbano vivo. Casi al final de la calle, en frente del chaflán de Alcázar de Toledo veo un pequeño negocio que parece tener aires de otros tiempos, se llama "Mercería Ortega", y por lo menos quiero citar, que todavía exista este reducto de costura. Me decido a entrar, le cuento qué hago allí y si sería tan amable de responderme a unas preguntas.

Es la heredera del negocio familiar. Lo había abierto su padre en 1949 y como dijo ella, refiriéndose también a otros compañeros de trinchera; -"Somos los que aguantamos". Le da para vivir. No es una franquicia y el resto de nuevos negocios de textiles de la calle están decididos a vilipendiar el concepto de mercería o eliminar del vocabulario colectivo los "arreglos textiles" de ese gremio que no tiene ya cabida en nuestra sociedad de consumo.

El local es pequeñísimo, pero el alquiler, según me confiesa la responsable del negocio: "es demasiado alto", pero parece ser el precio que hay que pagar por un pequeño negocio en la gran avenida., cuyo alquiler se ha visto incrementado por la supresión de las rentas antiguas. Mientras tanto pienso con tristeza que no hay piedad para lo antiguo, a no ser que sea "vintage".

No vive allí, y nunca lo hizo porque dice entre otras cosas: "es un sitio incómodo para vivir, la mayoría de las viviendas carecen de aparcamientos, los accesos son difíciles y allí ya no queda nada. Tiene recuerdos de la mercería desde que tenía consciencia, desde los dos años cuando ya correteaba por el negocio de su padre.

9-BIBLIOGRAFÍA

1- BAYÓN, R. ARCE. *La ciudad de León en el siglo XIX. Transformaciones Urbanas Precursoras del plan de ensanche*, León, 2012, p.120.

2- ORDOVÁS, M. J. GONZÁLEZ *Políticas y estrategias urbanas*, Madrid, 2000, pp.121-122.

3- DURANY, M. P. *La calle Ordoño II de León: De calzada real a eje comercial y de servicios*, Salamanca, 1990, p. 21.

Mª del P. DURANY, *La calle Ordoño II de León: De calzada real a eje comercial y de servicios*, Salamanca, 1990, pp. 24-27.

Mª J. GONZÁLEZ ORDOVÁS, *Políticas y estrategias urbanas*, Madrid, 2000, pp. 121-122.

VV. AA., *León, Casco Antiguo y Ensanche. Guía de Arquitectura*, León, 2000, pp. 23-31.

Mª J. GONZÁLEZ ORDOVÁS, *Políticas y estrategias urbanas*, Madrid, 2000, pp. 121-122.

M. SERRANO LASO, *Arquitectura doméstica en León a principios de Siglo (1900-1923). La pervivencia del eclecticismo*, León, 1992, pp. 25-50.

J. R. CABALLERO CHICA, *La arquitectura de la ciudad de León en su fase inicial (1907-1919)*, Trabajo de Fin de Máster defendido en la Universidad de León, León, 2017, pp. 28-30.

J. HERNANDO CARRASCO y M. SERRANO LASO, "Arquitectura contemporánea. Del neoclasicismo a la posmodernidad", en *Historia del Arte en León*, cap.16, León, 1990, pp. 263-264.

S. TOMÉ FERNANDEZ, "La segunda fase de ocupación del Ensanche Leonés: el proceso de renovación desde los años 60", en L. LÓPEZ TRIGAL (Ed.), *Los Ensanches en el urbanismo español, el caso de León,* Madrid, 1999, pp. 115-119

T. CORTIZO ÁLVAREZ, "El Ensanche de León. Proyecto y primera ocupación.", en *Ibídem,* pp. 104-112.

E J. R. CABALLERO CHICA, *Op.cit.,* pp. 28-30;

T. CORTIZO ÁLVAREZ, *Op.cit.,* pp. 104-112.

S. TOMÉ FERNÁNDEZ, *León, los ríos en el paisaje Urbano,* Gijón, 1997, pp.59-60.

Mª del P. DURANY, *Op. cit.,* pp. 24-38.

E. FERNÁNDEZ GARCÍA, *León y su actividad escénica en la segunda mitad del siglo XIX*, Tesis doctoral defendida en la UNED, Madrid, 1997, pp. 70-78.

S. SANTOS VALERA, "La gota de leche en la ciudad de león: una institución benéfica municipal", *Argutorio,* nº10, 2003, pp.27-28.

M. ANDRÉS EGUIBURU, *Op.cit.,* pp. 113-116

J. C. PONGA MAYO. *El ensanche de la ciudad de León...,* p. 196.

M. ANDRÉS EGUIBURU, *Op.cit.,* pp. 110-113.

Unkown. (14 de enero de 2013). El Ensanche de León [Entrada blog]. En: Caminar BCN. 2012-13. https://caminarbcn12-13t.blogspot.com/2013/01/el-ensanche-de-leon.html

45

Olaizola Elordi, J. [Juanjo]. (18 de diciembre de 2023). El ferrocarril llega a León [entrada blog]. En: Historias del Tren. https://historiastren.blogspot.com/2023/12/el-ferrocarril-llega-leon-i.html

Vergara Pedreira, S. [Susana]. (4 de abril de 2021). Aquellas cuatro casas de Ordoño. La Revista de El Diario de León. https://www.diariodeleon.es/monograficos/revista/210404/1251483/cuatro-casas-ordono.html

yes
I want morebooks!

Buy your books fast and straightforward online - at one of world's fastest growing online book stores! Environmentally sound due to Print-on-Demand technologies.

Buy your books online at
www.morebooks.shop

¡Compre sus libros rápido y directo en internet, en una de las librerías en línea con mayor crecimiento en el mundo! Producción que protege el medio ambiente a través de las tecnologías de impresión bajo demanda.

Compre sus libros online en
www.morebooks.shop

info@omniscriptum.com
www.omniscriptum.com

Printed by Books on Demand GmbH, Norderstedt / Germany